UNE CONFÉRENCE

—

L'AGRICULTURE ET L'INSTRUCTION

UNE CONFÉRENCE

L'AGRICULTURE

ET

L'INSTRUCTION

PAR

FÉLIX HÉMENT

PARIS

CHEZ LES PRINCIPAUX LIBRAIRES

1869

Cette conférence a été faite au banquet de la Société d'agriculture de Clermont (Oise), le 24 avril 1869, sous la présidence de M. le vicomte de Plancy, député au Corps législatif.

L'AGRICULTURE ET L'INSTRUCTION

MESSIEURS,

Le poète a dit :

Nul n'est content de son sort.
Bienheureux le marchand ! s'écrie le soldat chargé d'ans et brisé par les fatigues de la guerre. Le marchand, à son tour, si son vaisseau est battu par la tempête, envie le sort du soldat.

Vous le voyez, on ne sait de son état que les inconvénients et on ne voit des autres que les avantages. On fait ainsi le procès à sa profession, se complaisant dans une injuste et fausse appréciation des choses.

S'il est vrai que nous n'usons pas de toutes nos libertés, combien il est plus vrai encore que nous ne profitons pas de toutes nos ressources, plus particulièrement dirai-je des vôtres, qui sont incomparablement plus nombreuses.

Heureux l'homme des champs s'il connaissait son bonheur!

Que faut-il donc, sinon lui apprendre à le connaître? Ce n'est pas à vous, Messieurs, que ce discours s'adresse, mais à la population qui vous entoure, à vos vassaux, si j'ose parler ainsi, et s'il est d'autres vassaux que ceux qu'un bienveillant patronage nous attache, c'est à eux que mes paroles devront tout naturellement être portées par votre entremise.

Pour que l'homme des champs connaisse son bonheur, pour qu'il puisse l'apprécier, il faut, — ce n'est pas un secret que je vais vous découvrir, — il faut tout simplement qu'il s'instruise et qu'ainsi son esprit, initié aux lois qui gouvernent les phénomènes, rende plus vives les émotions que son cœur éprouve en présence des grands spectacles de la nature.

Son instruction doit porter sur toutes les branches des connaissances humaines, car toutes, dans les lettres, dans les sciences ou dans les arts lui sont ou indispensables, ou utiles, ou simplement agréables. Tel est le thème que je me propose de développer en quelques mots.

S'agit-il des sciences ? Il n'en est pas une seule dont l'agriculteur n'ait à tirer parti, dont l'application ne puisse être pour lui une source de profits, ou dont l'étude n'entraine de vives jouissances d'un ordre élevé. Certes, si, il y a cinquante ans et même moins, car tous ici, même les plus jeunes, nous avons vu naître les machines agricoles, si, dis-je, on était venu dire qu'on pourrait accomplir, à l'aide de machines, ces travaux si divers et si multipliés de l'agriculture, que d'incrédulité on eût rencontrée chez les esprits même les moins prévenus!

Comment supposer que le travail du laboureur qui exige, dans le maniement de la charrue, une adresse particulière pour tracer le sillon régulier, une souplesse spéciale en même temps qu'une force suffisante pour vaincre les résistances inégales du sol; qui de mande, pour l'usage de la faux, une brusque et vive attaque, afin de trancher le brin d'herbe ou l'épi sans le courber,et pour chacun des instruments aratoires une habileté, fruit d'une longue expérience, comment, dis-je, se figurer qu'il puisse être accompli par une machine, qu'avec ses mouvements roides et réguliers celle-ci puisse être tout à la fois une main agile et souple autant que vigoureuse!

Aujourd'hui tout étonnement a cessé. Les

travaux agricoles les plus variés sont exécutés par des faucheuses, des moissonneuses, des machines à battre, des charrues à vapeur, etc. Et non-seulement l'agriculture, mais toutes les industries qui relèvent de cet art font usage de machines.

Or, on ne peut employer les machines, en tirer tout le parti possible, les entretenir en parfait état, les faire fonctionner habilement, si l'on ne possède quelques notions de la Mécanique. Ce n'est pas que la connaissance superficielle de cette science permette à l'agriculteur ni de construire, ni de réparer ses machines, mais elle suffira pour qu'il en comprenne le jeu, qu'il dirige au besoin les travaux de réparation, apporte, à l'occasion, les modifications heureuses que l'expérience suggère, etc.

Je passe maintenant à la Physique, à coup sûr une des sciences où plus particulièrement les applications utiles se mêlent constamment aux considérations de l'ordre le plus élevé.

Tous les agriculteurs n'ont pas de machines, mais il n'en est pas un seul qui ne possède dans sa demeure modeste ou somptueuse ce précieux appareil qu'on nomme un baromètre. Chaque jour le cultivateur consulte la colonne mobile de mercure qui révèle avec une si merveilleuse exactitude les agitations de l'atmosphère environnante. Il n'est pas une vague aérienne, non-seulement au-dessus de nos têtes, mais même à une assez grande distance, qui ne produise son action sur le docile appareil; de sorte que, sans sortir de sa ferme et avant que les phénomènes atmosphériques ne s'accomplissent, le laboureur est prévenu par ce fidèle et mystérieux prophète. N'est-ce pas chose merveilleuse qu'un appareil si simple, si modeste, oserons-nous dire, fournisse d'aussi précieuses indications! Ne nous égarons pas toutefois dans l'expression de notre admiration. Ce n'est pas la colonne de mercure ni les liens qui existent entre ses mouvements et ceux de l'atmosphère, ni la précision avec laquelle il les traduit qu'il faut admirer, mais bien l'intelligence de l'homme qui a su trouver les lois qui régissent ces phénomènes, et réaliser l'appareil qui en manifeste les effets.

Le baromètre n'est pas le seul appareil que la Physique offre au cultivateur ; le thermomètre, en indiquant les variations de la température du milieu environnant, lui fournit des indications qui ne sont pas moins utiles. Il semble au premier abord que rien ne soit plus facile que d'apprécier par soi-même la température, que d'être soi-même son propre thermomètre, mais combien nos sensations vaudront moins que celles du petit appareil ! Selon que vous serez à jeun ou que vous aurez déjeuné, le froid ou la chaleur produiront sur vous des impressions différentes ? De deux personnes dont l'une est souffrante et l'autre en bonne santé, ou dont l'une a bien et l'autre mal dormi, vous obtiendrez des appréciations très différentes de la même température.

C'est donc au thermomètre, qui n'est pas comme nous un appareil nerveux, qu'il faut nous adresser pour connaître avec certitude l'état de la température.

Outre ces deux instruments si importants et d'autres en grand nombre d'une utilité moins grande, vous tirez de l'étude de la physique de nombreuses applications des lois naturelles aux usages de la vie, la connaissance du jeu merveilleux des forces de la nature et l'intelligence des grands spectacles que vous avez tous les jours sous les yeux. N'avez-vous pas interrogé plus d'une fois les lueurs de l'aurore ou les feux du couchant ? N'avez-vous pas lu dans les nuages pourprés ou dans l'aspect blafard du ciel les présages de la tempête ? — Quand le vent furieux amoncelle les nuages, quand le ciel s'assombrit, que l'éclair rapide illumine un instant l'espace, que les éclats de la foudre retentissent et que le ciel ouvre ses cataractes, vous pouvez sans doute être inquiets pour vos récoltes, et la science, il est vrai, ne vous donne pas les moyens de les préserver; mais au moins elle chasse de votre esprit d'absurdes préjugés, de folles terreurs, et vous laisse tout entier à la plus légitime admiration!

Sans transition abordons la chimie, cette science née d'hier et qui a si merveilleusement grandi en peu d'années. Elle vous donne d'utiles renseignements sur les engrais, sur le choix qu'il en faut faire pour les diverses cultures et sur les résultats qu'on en peut attendre. Vous n'êtes pas sans avoir entendu parler de cette agriculture nouvelle qu'on peut appeler *l'élève du végétal*, par analogie avec *l'élève du bétail*. C'est une heureuse application de la chimie à l'agriculture.

Permettez que sur ce sujet je rappelle vos souvenirs en quelques mots.

L'analyse d'une plante nous fait connaître les éléments qui lui sont nécessaires, celle du sol nous montre ceux qu'il renferme; dès lors si quelques-uns manquent à ce dernier pour nourrir la plante, il suffira de les mêler à la terre. Mais l'analyse n'est pas seulement qualitative, elle est encore quantitative, c'est donc dans une proportion déterminée qu'on ajoutera à la terre les éléments nécessaires.

On peut même aller plus loin et alimenter plus particulièrement le sol des éléments qui doivent favoriser le développement d'une des parties de la plante, comme par exemple les racines pour la betterave, et les feuilles pour le tabac.

Sans doute la chimie *ne fait pas la pluie et le beau temps*, mais le sol, une fois préparé, que la pluie vienne, et pénétrant dans les fissures, elle y dissoudra les substances que les racines pourront alors absorber. Ce n'est pas l'eau qui nourrit, elle désaltère le végétal comme l'animal, en même temps qu'elle est le véhicule de la nourriture. Encore faut-il que la nourriture se trouve dans le sol.

Vous êtes plus que moi à même de juger

de la valeur de ce système, mais plus que moi aussi vous êtes en cette occasion accessibles à certaines défiances. Il y a sans doute des erreurs mêlées à un peu de vérité, c'est le sort des choses humaines. Tout système comme toute légende contient une part de vrai; dépouillez le système de ce qu'il a d'excessif, la légende de ce qu'elle a de faux, vous trouverez au fond le noyau de vérité.

Vous avez fait plus d'une école en appliquant des procédés qui vous étaient connus. Vous avez éprouvé, souvent à vos dépens, que les résultats ne sont pas toujours tels qu'on les espère. Si, souvent, la nature nous accorde des faveurs, combien de fois ne trouble-t-elle pas nos travaux? La pluie a bien des fois noyé vos récoltes, le soleil ne les a pas moins souvent brûlées. Il n'y a rien à y faire; une révolte impuissante contre le ciel est chose puérile et humiliante.

Lorsque je parle de résultats infructueux, j'entends les essais que vous avez faits soit d'un engin nouveau soit d'une culture nouvelle ; de ce qui vous est personnel en un mot. Il faut donc essayer le nouveau avec mesure, avec prudence et aussi avec la confiance que chaque esprit bien fait a nécessairement dans le progrès.

L'animal n'est pas, comme la plante, soumis aux influences atmosphériques. Aussi a-t-on pu plus facilement que pour la plante développer en lui des qualités ou des aptitudes diverses, par exemple rendre la laine du mouton plus ou moins souple et fine ; créer le cheval de course ou le cheval de trait ; le bœuf de boucherie ou celui de labour, et mouler, pour ainsi dire, la matière animale. L'homme met ainsi son empreinte sur les êtres qui l'approchent, qui sont ses instruments, ses ouvriers ou ses amis. L'animal est créé en quelque sorte une seconde fois en vue de nécessités diverses. L'homme s'enorgueillit plus particulièrement de cette action qu'il exerce sur la nature animée, qui est comme une sorte de délégation de la puissance créatrice ; il regarde l'exercice de cette puissance comme un de ses plus beaux titres de gloire, parce qu'il se trouve ainsi plus près de son créateur.

J'indique à peine les ressources qu'offre chaque science de ce sujet si vaste, *je ne prends que la fleur*. Cela me sera difficile en parlant de l'histoire naturelle dont l'étude semble vous être propre. Qui connaît mieux la nature, du cultivateur que sa vie de chaque jour met en rapport avec elle, ou du savant qui l'étudie dans son laboratoire? Et cependant, Messieurs, ils ont à se faire l'un à l'autre de mutuels emprunts. Oui, *vous les avez plantées, vous les avez vues naître* ces plantes dont vous suivez le développement non sans une préoccupation inquiète. A son tour, le savant, muni d'un microscope, en a disséqué les tissus et à l'aide de ses réactifs a su les analyser, il connaît les phénomènes qui s'y produisent, les lois du développement que vous avez observé, l'influence des agents naturels sur ce développement, les fonctions de chacun des organes, et cherche à surprendre le secret de la vie. Vous êtes la mère qui élève son enfant avec ses instincts, elle en connaît les besoins, elle les devine, grâce à ces communications intimes, à cette vie en commun de chaque jour ; le savant est le médecin que la mère consulte parfois, lorsque son remarquable instinct ne lui suffit plus.

Pendant que vous vous livrez à vos travaux, voici que des richesses imprévues se montrent à vos yeux. Dans le sol que vous remuez se trouvent les minerais, les pierres et le charbon. De ce même sol surgit la source bienfaisante, le ruisseau limpide qui répand la vie sur son parcours et qui anime le paysage? L'esprit inculte passera à côté de ces richesses sans les soupçonner, mais l'homme qui possède quelques notions de Minéralogie et de Géologie, instruit de la nature des terrains qui constituent le sol, du gisement des métaux, des pierres, du charbon, de l'origine des cours d'eau, pourra selon le cas augmenter son avoir de nouveaux profits, ou améliorer un sol trop humide par un drainage bien entendu, ou encore assainir sa propriété.

Je n'ai jusqu'ici fait appel qu'à vos intérêts matériels, mais *l'homme ne vit pas que de pain*. C'est pourquoi j'ose vous dire d'étudier l'astronomie pour élever votre âme plus haut et vous détacher un instant de la terre. Pendant les longues soirées d'hiver, alors que les nuits sont belles, qu'un air plus pur laisse aux astres tout leur éclat, et que, d'un autre côté, les travaux de la terre sont moins pressants, où trouver un plus pur délassement pour l'esprit, un plus noble exercice de l'intelligence que dans l'étude des phénomènes célestes, une joie plus sereine et plus douce que celle qui naît de la contemplation des cieux!

Voici les étoiles réputées fixes; eh bien, ce sont autant de soleils répandus dans l'espace autour desquels gravitent sans doute des multitudes de planètes qui, elles-mêmes, entraînent des satellites en mouvement. Ces soleils sans nombre sont variés de grandeur, de couleur, d'éclat, de poids et de nature; ils se trouvent à des distances différentes de nous, et semblent groupés à plaisir pour figurer les dessins que les anciens ont interprétés avec leur tour d'esprit ingénieux et leur vive imagination.

En divers points de l'univers, à d'effrayantes distances, de véritables peuplades d'étoiles pressées, poussière brillante de mondes, offrent l'aspect de nébulosités lumineuses et accusent une puissance infinie de création. Tandis que plus près de nous voici la lune, le soleil et les planètes qui font partie de notre famille céleste. La lune. compagne fidèle de la terre, tournant docilement autour de notre globe auquel un lien invisible la tient unie; à son tour elle réagit sur la terre et soulève l'élément mobile au-dessus de son lit pour le laisser bientôt retomber et envahir les rivages à peine abandonnés et aussitôt reconquis. Ainsi vient se *briser l'orgueil de ces vagues superbes.*

La science explique le phénomène des marées, elle en prédit les circonstances diverses, mais rien ne lui permet encore de reconnaître une action de la lune sur les mouvements de l'atmosphère, sur les fonctions des animaux ou des végétaux. Les variations de ses phases sont si fréquentes depuis le simple trait lumineux, le croissant élégant, jusqu'à la pleine lune à l'éclat argentin, qu'on a pu facilement trouver des rapports entre un phénomène quelconque et l'astre à la face changeante. Sous ces aspects variés, c'est toujours la même lune et, chose curieuse, la même face de cette lune dont nous n'avons jamais vu l'autre côté.

Malgré un plus grand éloignement, le soleil n'est pas moins connu que la lune. On en connaît les dimensions, le poids, la constitution, les mouvements. Il y a là un grand sujet d'étonnement, même pour les esprits les plus audacieux, que l'homme puisse mesurer la distance qui le sépare de mondes inaccessibles, évaluer leurs dimensions et leurs poids et déterminer les divers incidents de leurs parcours. Comme ces assertions sont de nature à rencontrer des esprits incrédules, il est bon d'avoir des armes pour convaincre les récalcitrants. Vous dirai-je, comme un jour Arago, qui, s'adressant à un auditoire qui montrait des signes de défiance, s'écria : « Je vous donne ma parole d'honneur que tout ce que je vous dis est exact. » Je vous demanderai seulement s'il est vrai qu'on prédise longtemps à l'avance, avec l'exactitude la plus scrupuleuse, les éclipses de lune, de soleil ou d'étoiles, les divers particularités qu'elles présentent, si elles sont partielles ou totales, visibles ou non, leur durée, etc. Dès lors, si sur un point, la science apporte une telle précision dans la certitude, on peut la croire sur tout le reste, surtout lorsque les affirmations sont justifiées par les phénomènes d'une manière aussi complète.

La précaution que je viens de prendre n'était pas inutile pour que je pusse dire avec autorité que le soleil est à 38,000,000 de lieues de nous, qu'il est 1,400,000 fois plus gros et 300,000 fois plus lourd que la terre, qu'il tourne sur lui-même en 25 jours. Pour graver ces nombres dans l'esprit des enfants, je leur dis : 38 millions, c'est la distance du soleil à la terre ; 39 millions, c'est la population de France ; 40 millions, c'est la circonférence de la terre exprimée en mètres. Mais quoi, la population de la France ne va-t-elle pas croître ? Rassurez-vous : les mesures sont prises pour qu'il n'en soit rien.

Ce qui est plus grave, c'est que les astronomes sont en train de réviser la mesure de la distance du soleil à la terre. Quant à la grandeur relative du soleil, une image la rend frappante et cette image vous touchera d'autant plus qu'elle est empruntée à l'agriculture. Un grain de blé représentant la terre, quatorze décalitres représentent le soleil, car ils contiennent environ 14 cent mille grains.

Le soleil, si éclatant et si ardent, doit pourtant un jour s'éteindre et devenir semblable à la terre. Des taches se montrent sur sa surface et semblent annoncer un commencement de refroidissement. Mais soyez sans inquiétude, la lenteur avec laquelle s'opère le refroidissement n'a pas encore permis de constater la plus légère variation dans la température depuis des milliers d'années. Cependant la terre est là pour nous montrer la destinée future du soleil : elle aussi a eu ses jours de gloire, elle aussi a été soleil, ainsi qu'en témoignent encore les volcans et les tremblements de terre qui n'annoncent plus qu'un feu de vieillard.

Il semblait qu'on ne pût aller plus loin dans la connaissance des corps célestes, et qu'on ne dût avoir sur leur constitution physique et leur composition chimique que les présomptions tirées de l'analyse des pierres tombées du ciel, lorsqu'il y a peu d'années la découverte de l'analyse spectrale a permis, par un procédé aussi délicat qu'élégant, de connaître les éléments dont se composent les étoiles et le soleil. Ce n'est plus la substance même des corps lumineux qu'on soumet à un examen, mais la lumière qui en émane ; ce n'est plus à l'aide de la balance et du creuset qu'on dissèque le corps, mais par le moyen d'un prisme de verre. Dans ce gracieux arc-en-ciel, résultat de la décomposition d'un rayon lumineux à travers le prisme, on trouve de nombreuses raies qui, par leur position, leur éclat ou leur obscurité, révèlent tout à la fois et la nature et l'état des éléments constituants du corps céleste. C'est ainsi que lors de la dernière éclipse on constatait autour du soleil une atmosphère d'hydrogène enflammé.

Vous dirai-je comment on apprécie le poids des astres? Comment la chute de la lune sur la terre ou celle de la terre sur le soleil ne diffèrent pas de celle d'une pierre ou de la chute de la pomme, que, selon la légende, Newton vit tomber à ses pieds?

Oui, la lune tombe à chaque instant vers la terre de toute la quantité dont elle s'éloignerait, si elle continuait sa marche en ligne droite suivant la tangente à la courbe qu'elle décrit.

Cette identité de forme, de mouvement, de composition des corps célestes, ces lois toujours les mêmes auxquelles ils sont soumis, ces liens qui les unissent, tout cet ensemble harmonieux ne montrent-ils pas avec la dernière évidence et l'unité du plan et comme conséquence l'unité de la pensée créatrice !

Vous voyez par cette conclusion nécessaire

que toute instruction peut et doit entraîner les conséquences morales qui élèvent et fortifient. Cultiver l'intelligence, meubler l'esprit, cela fait sans doute partie de l'éducation, mais cela ne suffit pas pour obtenir le développement général de l'âme humaine qui constitue l'éducation.

Par la culture des lettres, c'est-à-dire par la lecture des grandes œuvres littéraires, historiques, philosophiques, monuments impérissables de notre gloire; à l'aide des jugements portés sur ces œuvres par nos grands écrivains, à l'aide de la réflexion, on arrive à orner son esprit, à affiner son goût, à mûrir sa raison, à assurer son jugement, à élever ses sentiments. A la condition de cette culture générale, l'instruction portera des fruits et de bons fruits, parce que l'homme instruit sera en même temps l'homme de bien.

Complétez ce développement par la con

naissance des chefs-d'œuvre de l'art. Apprenez à apprécier les mérites d'un Titien, d'un Raphaël, d'un Véronèse, d'un Claude Lorrain, et à ne pas leur préférer de grossières enluminures. Que votre esprit, aidé de vos yeux, sache voir les qualités diverses de dessin, de couleur, de composition qui font la valeur d'un tableau. Que l'habitude d'entendre de bonne musique vous fasse préférer un concert harmonieux à des airs vulgaires et à des sons bruyants, et que le parler doux et les façons polies remplacent les cris et les gestes grossiers.

La nature vous apparaîtra alors avec des grâces et des beautés nouvelles. Ces merveilles devant lesquelles vous passiez indifférent, auxquelles vos yeux étaient fermés, auront pour vous un charme jusqu'alors inconnu. Vous ne vous y accoutumerez point, vous ne vous en lasserez pas, car la nature ne se lasse jamais de fournir de nouveaux aliments à notre admiration. Ainsi l'âme s'élève et s'épure, ainsi les plus doux et les plus nobles sentiments germent et grandissent dans la communion intime de l'homme avec la nature. L'arbre qu'on a planté, à l'ombre duquel on s'abrite, les fruits qu'on a améliorés et cueillis, les enfants auxquels on a prodigué son affection sont autant de sources inépuisables de jouissances suprêmes, récompense légitime de nos efforts et de notre dévouement.

Nous pouvons maintenant répéter avec le poète :

Heureux l'homme des champs s'il connaissait son bonheur!

Et nous savons comment il peut le connaître.

Je termine :

La dépopulation des campagnes, œuvre détestable entreprise et poursuivie par Richelieu et Louis XIV, semble toucher à nos terme. Si nous subissons encore, bien qu'à un faible degré, l'influence du mouvement d'entraînement vers les villes qui s'est manifesté dans le siècle précédent, on ne saurait cependant ne pas remarquer un juste retour vers la vie saine des champs. Le mépris pour le campagnard fait place à une juste appréciation des services qu'il rend à la société. Les chemins de fer ont tout concilié : ils ont opéré une plus juste répartition des produits du sol et ont contribué ainsi à en élever la valeur, ils ont rendu les déplacements faciles et rapides, et ont par conséquent multiplié et rendu plus intimes les relations entre les champs et la ville.

Aujourd'hui, le grand seigneur n'a plus hâte de toucher le prix de ses fermages pour quitter sa terre et aller à la ville satisfaire sa vanité en exposant des objets d'art, des mobiliers somptueux et de luxueux équipages, ou dépenser sa fortune en vains plaisirs ; vivant sur ses terres, il montre avec un légitime orgueil ses magnifiques labours, ses bâtiments simples, appropriés et en bon état, ses attelages vigoureux, ses machines que le travail a polies, ses riches troupeaux dans le cadre merveilleux d'une nature plantureuse.

Espérons donc des jours meilleurs pour l'Agriculture, et, partant, pour le pays tout entier, car, selon la parole de Sully, « labourage et pâturage sont les deux mamelles du pays. » Mais que le laboureur cesse d'ignorer les choses dont il ne voit pas l'utilité immédiate. Qu'il ne méprise point par avance ce qu'il ignore et n'affecte pas de dédaigner toute connaissance qui ne lui vient pas de sa propre expérience. Qu'une sage prudence remplace chez lui cette défiance chagrine qui le rend hostile comme tout esprit étroit à des changements nécessaires. Surtout qu'il apprécie moins la science pour les services qu'elle lui rend que pour les beautés qu'elle lui révèle. Qu'il sente le prix de cette vie calme, exempte d'agitations malsaines ou stériles, comparativement à celle de la ville où l'air corrompu semble tout à la fois rendre le corps moins sain et la pensée moins juste. Les grandes agglomérations d'hommes ne troublent pas seulement les conditions de la vie matérielle; les égouts gigantesques annoncent surtout l'abondance des immondices. Or, les mouvements immenses et fiévreux de la pensée, résultat du grand concours des esprits, semblent produire dans le milieu moral une corruption analogue à celle qui envahit le monde matériel. Enfin, que le laboureur considère que s'il est plus soumis aux choses, il dépend moins des hommes, et, qu'à ce titre, il jouit dans une plus large mesure de la liberté, le premier, le plus désirable de tous les biens.

Typ. Alcan-Lévy, boul. de Clichy, 62.

www.ingramcontent.com/pod-product-compliance
Ingram Content Group UK Ltd.
Pitfield, Milton Keynes, MK11 3LW, UK
UKHW020222180726
13838UKWH00005B/2142

9 782329 383736